U0321644

贺师傅家常美食，
从手到心的幸福之旅……

56道超精致浙菜清秀素雅
600幅详尽步骤图一看就懂

家常浙菜

加贝◎著

译林出版社

图书在版编目（CIP）数据

家常浙菜／加贝著. —— 南京：译林出版社，2016.4
（贺师傅中国菜系列）
ISBN 978-7-5447-6259-5

Ⅰ.①家… Ⅱ.①加… Ⅲ.①浙菜－菜谱 Ⅳ①TS972.182.55

中国版本图书馆CIP数据核字（2016）第066776号

书　　名	家常浙菜	
作　　者	加　贝	
责任编辑	陆元昶	
特约编辑	梁永雪　刁少梅	
出版发行	凤凰出版传媒股份有限公司	
	译林出版社	
出版社地址	南京市湖南路1号A楼，邮编：21009	
电子信箱	yilin@yilin.com	
出版社网址	http://www.yilin.com	
印　　刷	北京旭丰源印刷技术有限公司	
开　　本	710×1000毫米　　1/16	
印　　张	8	
字　　数	28千字	
版　　次	2016年5月第1版　2016年5月第1次印刷	
书　　号	ISBN 978-7-5447-6259-5	
定　　价	25.00元	

目录

浙式糖醋里脊！

怎么炸才外酥里嫩？

口味清爽的浙菜

浙菜是中国八大菜系之一，具有悠久的历史。浙菜品种丰富，菜式小巧玲珑，其特点是清、香、脆、嫩、爽、鲜。浙菜主要由杭州、宁波、绍兴、温州四个流派所组成，带有浓厚的地方特色。

文化色彩浓郁

文化色彩浓郁是浙江菜的一大特色，其中许多菜肴都有着美丽的传说。如"宋嫂鱼羹"，相传宋朝时西湖附近有位姓宋的青年，有次生病时，他嫂嫂亲自到湖里打鱼，用醋加糖烧成菜给他吃，吃后病就好了，此名即由此而来。另外，还有"龙井虾仁""西湖醋鱼""东坡肉"等文化色彩浓郁的菜肴，鲜美香醇，闻名全国。

选料颇为讲究

浙菜选料刻求"细、特、鲜、嫩"，讲究品种和季节时令，以充分体现原料质地的柔嫩与爽脆，其所用海鲜、果蔬之品，无不以时令为上，所用家禽、畜类，均以特产为多，充分体现了浙菜遵循"四时之序"的选料原则。

烹调技法各有千秋

追求本真口味

浙菜口味注重清鲜脆嫩，保持原料的本色和真味。而且由于浙江物产丰富，在配料上多以四季鲜笋、火腿、蘑菇和绿叶时蔬菜等清香之物相辅佐，原料的合理搭配所产生的美味非用调味品所能及。如雪菜大汤黄鱼以雪里蕻咸菜、竹笋配伍，煮出的汤清鲜美味。

菜品形态精致

浙菜的菜品形态讲究、精巧细腻、清秀雅丽。当今浙江名厨运刀技法娴熟，配菜巧妙，烹调细腻，装盘讲究，其所具有的细腻多变幻刀法和淡雅的配色，深得国内外美食家的赞赏，体现了烹饪技艺与美学的有机结合。

• 书中计量单位换算

1小勺盐≈3g
1小勺糖≈2g
1小勺淀粉≈1g
1小勺香油≈2g
1小勺酵母粉≈2g

1大勺淀粉≈5g
1大勺酱油≈8g
1大勺醋≈6g
1大勺蚝油≈14g
1大勺料酒≈6g

1大勺标准（平勺）

1碗标准

1碗水≈250ml
1碗面粉≈150g

浙菜常用调味料和配料

浙菜注重清鲜脆嫩的口味，为保持原料的本色和真味，除葱、姜、蒜、醋等调味品外，还会选择梅干菜、冬笋、腌雪里蕻等配料。

白糖		白糖是由甘蔗和甜菜榨出的糖蜜制成的精糖，色白、干净、甜度高。浙菜善用糖，口味偏淡、甜。
绍酒		绍酒，产于浙江绍兴，居黄酒之冠，其色泽澄黄或呈琥珀色，清澈透明、香气浓郁，并含有氨基酸、糖、醋、有机酸和多种维生素等，是烹调中不可缺少的主要调味品之一。
姜		姜是浙菜中常用的调味品，除含有姜油酮、姜酚等生理活性物质外，还含有蛋白质、多糖、维生素和多种微量元素，集营养、调味、保健于一身，具有祛寒、祛湿、暖胃等功效。
龙井茶叶		龙井茶是汉族传统名茶，著名绿茶之一，产于浙江杭州西湖龙井村一带。除饮用外，浙菜中也将龙井茶叶或是其它品种的茶叶用于烹饪，如龙井虾仁，便将茶叶的清香与海鲜相结合。
梅干菜		梅干菜是慈溪、余姚、绍兴的著名特产，生产历史悠久，多系居家自制，将菜叶晾干、堆黄，然后加盐腌制，最后晒干装坛。绍兴梅干菜尤为著名，油光乌黑、香味醇厚、耐贮藏。
腌雪里蕻		腌雪里蕻色青绿，具有香气和鲜味，咸度适中、质地脆嫩、食用方便。腌过的雪里蕻捞出后切碎，炒、拌、做汤均可，是佐饭佳菜。
冬笋		冬笋是立秋前后由毛竹（楠竹）的地下茎侧芽发育而成的笋芽，因尚未出土，笋质幼嫩，是一种人们十分喜欢吃的食材，主要产区为江浙一带。

杭椒牛柳

荷叶粉蒸肉

杭椒牛柳、东坡肉、干菜焖肉……
随意摒起一块，就能俘获你的味觉。

茶香牛肉

糖醋小排

杭椒富含蛋白质、胡萝卜素、维生素A、辣椒红素头及钙、磷、铁等多种营养物质。它既是做菜时美味的佐料，又有温中散寒的作用，是体寒湿凉、食欲不振等症的食疗佳品。

🍚 中级　🕐 35分钟　🥢 2人

杭椒牛柳

做菜来扫我！

- 材料：牛里脊1块（约300g）、杭椒10个、红辣椒2个、葱1段、姜1块、蒜2瓣
- 腌料：黑胡椒粉0.5小勺、盐0.5小勺、料酒1大勺、淀粉1小勺、油1小勺
- 调料：油3大勺、生抽1小勺、老抽1小勺、白糖1小勺、黑胡椒粉0.5小勺

Q & A
牛柳怎么处理更嫩滑顺口？

民间有"横切牛肉顺撕鸡"的说法，只有逆着牛肉的纤维切，才能把筋切断，如此切出的牛柳，吃起来才更嫩滑；另外，用刀背敲打牛肉片，可使牛肉纤维松散，也可增加嫩滑口感。

制作方法

事先敲打肉块，可使牛肉更滑嫩好吃

① 牛里脊洗净，逆着纹理切成0.5cm厚的片状。

② 用刀背敲打肉片，使牛肉纤维松散。

③ 再顺着肉的纹理切成均匀的条状，放入碗中。

加少许油，可使炒出的牛肉更滑嫩

④ 牛肉中加入腌料，抓匀，腌制20分钟。

⑤ 杭椒、红辣椒洗净、斜切成段；葱、姜洗净，切丝；蒜去皮，切片。

⑥ 炒锅倒入2大勺油，烧至油略微冒烟，倒入腌好的牛肉，中火炒至变色，盛出。

⑦ 另加1大勺油，大火烧热，下入蒜片、葱姜丝，大火炒出香味。

⑧ 然后加入杭椒、红辣椒，调入生抽、老抽，再倒入牛肉，大火翻炒均匀。

⑨ 最后，加白糖、黑胡椒粉炒匀，爽口的杭椒牛柳即可出锅。

中级 ⏱ 1小时30分钟 😋 3人

东坡肉

做菜来扫我!

- 材料：葱1段、姜1块、香菜1根、香葱3根、五花肉1块、八角1个
- 调料：黄酒2大勺、生抽1大勺、盐1小勺、冰糖5粒

制作方法

1 葱洗净，切段；姜去皮、洗净，切片；香菜洗净，切段；香葱洗净，打成葱结，备用。

2 五花肉洗净，放入冷水锅中，大火焯熟，撇去血沫，捞出，晾凉后切块，备用。

3 砂锅底部铺上葱段、姜片、八角，放入焯好的肉块，使肉皮朝下，再放上葱结。

4 依次加入1大勺黄酒、生抽、盐、冰糖、清水，大火煮沸。

5 转小火，慢炖约40分钟，将肉块翻面，淋入剩余黄酒，继续炖20分钟，盛入碗内，淋上炖肉的原汁。

6 放入蒸锅，大火蒸约30分钟至肉酥透，取出，撒上香菜，即可食用。

Q&A

东坡肉怎么做才香而不腻？

焖煮时需掌握火候，先大火煮沸，再转小火慢焖，才能使肉酥而不腻；分两次淋入黄酒，肉中才会带着淡淡的酒香，又不至过浓。

香米性平、味甘，具有补中益气、健脾养胃、通血脉、聪耳明目、止烦等功效；猪肉含有丰富的优质蛋白质和必需的脂肪酸，并提供血红素和促进铁吸收的半胱氨酸，能改善缺铁性贫血。

中级 1小时30分钟 3人

荷叶粉蒸肉

做菜来扫我！

- 材料：五花肉1块、荷叶1张、香米1碗、花椒1小勺、川味辣椒香料1大勺
- 调料：盐1小勺、白胡椒粉1小勺、黄酒1大勺、生抽1大勺

制作方法

为避免粘锅，可加少量油

1 五花肉洗净，切成小块；荷叶洗净，用开水烫软，切成4片；香米洗净，滗干水分。

2 肉块中加盐、白胡椒粉、黄酒、生抽，拌匀后腌制约15分钟。

3 锅烧热，放入香米和花椒，炒至香米变成金黄色，盛出后放在案板上，晾凉。

4 炒好的香米中加入川味辣椒香料，混合后用擀面杖擀碎，再放入肉块中，拌匀。

5 将混合好的肉块和香米放入每片荷叶中，包成方块，用绳子扎好，放入蒸锅。

6 大火蒸约10分钟后，转中火再蒸30分钟，即可取出。

Q&A 荷叶粉蒸肉怎么做更清香软糯？

首先，最好选购硬五花肉，这样的五花肉易化渣、肥而不腻；其次，香米需炒至金黄，但不可炒焦，且不宜擀得过细，否则会影响口感；最后，肉块放入擀碎的香米中搅拌时，肉的表层和刀口处均要粘上米粉。

🍲 中级　⏱ 1小时30分钟　🍽 2人

干菜焖肉

做菜来扫我！

- 材料：梅干菜1把（约40g）、葱1段、姜1块、香葱2根、五花肉1块（约400g）
- 调料：老抽1小勺、油5大勺、八角2个、桂皮1块、冰糖7颗、料酒4大勺、生抽3大勺、蚝油3大勺、淀粉1大勺

醇香
肉食

Q & A
干菜焖肉怎样做才醇香味浓？

市售梅干菜有咸味和淡味的，无论哪种使用前都必须泡发洗净，然后才能进行烹调。上锅蒸制前先把梅干菜炒香，这样做出的焖肉会很好吃，比只浇淋调味汁的焖肉味道更胜一筹。

制作方法

1 梅干菜浸泡4-5小时，洗净，控干；葱洗净，切段；姜洗净，切片；香葱切末。

2 五花肉冷水下锅，煮沸10分钟后捞出，控干，用老抽涂抹肉皮，备用。

3 锅中倒入2大勺油，将五花肉煎至金黄色，捞出，备用。

4 净锅，倒入3大勺油，放入葱段、姜片、八角、桂皮、冰糖煸炒出香味，再放入梅干菜翻炒2分钟。

5 倒入料酒、生抽、蚝油炒匀，加1碗清水，煮开收汤。

6 拣出葱姜、八角、桂皮丢弃，梅干菜倒出备用。

7 五花肉切8mm厚的大片，皮朝下码入容器，再铺上梅干菜，上锅隔水蒸1小时。

8 蒸好后出锅，把汤汁滗入炒锅，肉倒扣在盘子里。

9 滗出的肉汤用淀粉加水勾芡，浇在肉上，撒香葱末即可。

13

五花肉味甘、性平，有补肾养血、滋阴润燥、滋养皮肤的功效。这道菜中配有雪里蕻，不仅解腻，而且因雪里蕻有解毒消肿、开胃消食和温中利气的作用，既提升食欲，又开胃下饭。

🍲 中级　⏱ 1小时30分钟　🍽 2人

做菜来扫我！

虎皮肉

- 材料：葱1段、姜1块、腌雪里蕻1棵、五花肉1块
- 调料：老抽1小勺、料酒1大勺、八角1个、白糖1大勺、盐1小勺、油1大勺、水淀粉1大勺

14

Q & A
虎皮肉怎么做才肥而不腻？

熏烤五花肉时，烤成虎皮状即可，不可烤黑；五花肉烤好后，需用刀刮去表面焦黄皮和脏污，以免影响口感；煨五花肉的汤汁需留用，浇在五花肉和雪里蕻上，口感更佳。

制作方法

1 葱洗净，切片；姜去皮、洗净，切片；腌雪里蕻去除根梢，取梗、洗净，切成丁，控干水分。

2 五花肉洗净，擦干水分，放在火上熏烤至焦黄。

3 将烤好的五花肉放在温水中泡软，再用刀刮去表面焦黄皮及脏污，切成粗条状。

4 锅中倒入清水，烧开后加入老抽、料酒、八角、白糖、盐和葱姜。

5 接着放入肉块，大火烧开后，转小火。

6 待肉煮熟，盛入碗中，使肉皮朝下；汤汁留用。

7 锅中倒油，烧热后放入腌雪里蕻梗，煸炒至干黄，倒入五花肉中，浇上汤汁，盖上保鲜膜。

8 入蒸锅蒸40分钟后取出，滗出汤汁，将五花肉和腌雪里蕻梗倒扣在盘中，肉皮朝上。

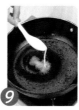

9 将汤汁倒入锅中，烧开后用水淀粉勾薄欠，浇在五花肉上，即可食用。

牛肉营养丰富，其中含有锌，可增强免疫力，还可促进肌肉增长；绿茶中含有茶多酚，具有很强的抗氧化性和生理活性，有助于延缓衰老。

中级　2小时　2人

茶香牛肉

做菜来扫我！

- **材料：** 葱 1 段、姜 1 块、小红辣椒3个、牛肉 1 块、桂皮1块、八角1个、绿茶 1 大勺、红枣5个
- **调料：** 油 1 大勺、料酒 1 大勺、生抽 1 大勺、白糖 1 小勺、盐 1 小勺

制作方法

1 葱洗净，切段；姜去皮、洗净，切片；小红辣椒洗净，切段。

2 牛肉洗净，切块，放入沸水锅中，大火煮沸后，撇去浮沫。

3 然后转小火，煮30分钟后，捞出，沥干水分。

4 锅中倒油，煸香葱姜、桂皮、八角，放入牛肉，加料酒、生抽、白糖、盐调味。

5 放入绿茶、小红辣椒、红枣，接着加清水至没过牛肉，大火烧开后，转小火，慢煨1小时。

6 待牛肉熟烂、茶香扑鼻时，大火收汁，即可盛出。

Q&A
茶香牛肉怎么做才茶香肉酥？

煮牛肉时，需将水烧开后再放入牛肉，这样不仅能减少牛肉中营养成分的流失，做出的味道也会更鲜香；另外，加入绿茶，不仅能使牛肉烂得快，而且有股茶叶的清香，吃起来清爽宜人。

鸡腿肉含有丰富的蛋白质，易消化，有增强体力、强壮身体的作用；芋苗为碱性食品，能中和体内积存的酸性物质，调节人体的酸碱平衡，产生美容养颜、乌黑头发的功效。

🍲 中级　🕐 45分钟　🍜 2人

鸡腿芋艿

做菜来扫我！

- 材料：葱1段、芋头3个、鸡腿2个
- 调料：油1大勺、料酒1大勺、高汤1碗、盐1小勺、香油1小勺

制作方法

1 葱洗净，切成葱片和葱花；芋头去皮、洗净，切滚刀块，备用。

2 鸡腿洗净，切成块，冷水下锅，焯烫片刻。

3 撇去锅中的血沫后，将鸡块捞出，沥干水分。

4 锅中倒油，烧至七成热时，爆香葱片，再放入鸡腿和芋头煸炒。

5 接着加入料酒、高汤、盐调味，大火烧开后，转小火烧25分钟。

6 最后，撒上葱花，淋入香油，即可出锅。

Q & A
鸡腿芋艿怎么做更鲜香入味？

鸡块需冷水下锅，再进行焯烫，并撇去血沫，这样可去除腥味；焖制鸡块时，需先用大火烧开，再用小火慢煨，这样烧出来后会更加香绵入味。另外，芋头含淀粉较多，不宜过多食用。

高级 · 1小时 · 2人

芙蓉肉

做菜来扫我！

- 材料：姜1块、香菜1根、猪板油1块、虾仁25个、里脊肉1块、鸡蛋清1份、花椒1小勺
- 调料：盐2小勺、辣酱油1小勺、淀粉半碗、香油1大勺、熟猪油1大勺、米酒1大勺、黄酒1大勺

Q&A
芙蓉肉怎么做更鲜香可口？

肉片上放虾仁和猪板油粒后，需用刀轻拍，使其和肉片贴紧，避免掉落；将烧热的熟猪油淋在里脊肉片上时，需连淋三次，至肉片变白，这样做出来的肉片口感才更脆嫩。

 制作方法

用刀面轻拍，使虾仁和猪板油紧贴肉片

❶ 姜去皮，切丝；香菜洗净，切段；猪板油去膜，切粒；虾仁洗净，挑去虾线。

❷ 里脊肉洗净，切成树叶状的肉片，加1小勺盐、辣酱油腌制15分钟，平放在案板上晾干。

❸ 取肉片，抹上淀粉，在肉片较宽一头放上虾仁，在肉片较窄一头放上猪板油，用刀面轻拍几下。

❹ 将鸡蛋清打发，均匀地涂抹在里脊肉片上。

❺ 将里脊肉片平铺在漏勺上，入沸水焯烫后捞出，滗干水分。

❻ 净锅，倒入香油，烧至七成热时，放入花椒炸香，捞出。

❼ 接着放入熟猪油，烧至六成热，将油淋在里脊肉片上，连淋三次，至肉片成玉白色。

❽ 将肉片摆入生菜盘中，撒上香菜和姜丝。

❾ 炒锅用中火烧热，加米酒、盐、黄酒，烧至浓稠时，淋在芙蓉肉上即可。

牛肉中的肌氨酸含量比其它任何食材都高，对增长肌肉、增强力量特别有效，且牛肉中含有足够的维生素，有助于增强免疫力；黄花菜可滋润皮肤、增强皮肤的韧性和弹力，还具有消炎解毒的功效。

中级　40分钟　2人

牛肉炒三丝

做菜来扫我！

- 材料：蒜3瓣、黄花菜1把、胡萝卜1根、青椒1个、冬笋1块、牛肉1块
- 调料：油1大勺、豆瓣酱1大勺、白胡椒粉1小勺、白糖1小勺、盐1小勺、香油1小勺
- 腌料：生抽1大勺、黄酒1大勺、小苏打1小勺、生粉1小勺、鸡蛋清1份

制作方法

① 蒜去皮、洗净，切末；黄花菜泡发、洗净，备用。

② 胡萝卜去皮、洗净，青椒洗净，冬笋洗净，均切丝。

③ 牛肉洗净，切成丝状，加入腌料抓匀，腌制15分钟。

④ 锅中倒油，放入豆瓣酱炒香，接着放入腌好的牛肉，煸炒至变色。

⑤ 放入胡萝卜，转中火，翻炒约2分钟，再放入冬笋、黄花菜，继续翻炒。

⑥ 倒入青椒、蒜末，调入白胡椒粉、白糖、盐，淋入香油，即可盛出。

Q&A
牛肉炒三丝怎么做才滑嫩可口？

切牛肉时，需逆着牛肉的纹理切，并加入生抽、黄酒等腌料腌制15分钟，这样炒出的牛肉口感会更加嫩滑；蒜末在临出锅时放，才能让蒜香味更好地浸到菜品中，吃起来鲜香入味。

梅干菜有解暑热、洁脏腑、消积食、治咳嗽、生津开胃的功效；鸡翅有温中益气、补精添髓、强腰健胃等功效，且胶原蛋白含量丰富，对于保持皮肤光泽、增强皮肤弹性均有好处。

🍲 中级　⏱ 45分钟　🥣 2人

梅干菜鸡翅

做菜来扫我!

- 材料：葱1段、姜1块、蒜5瓣、梅干菜1把、鸡翅中6个、冰糖1大勺
- 调料：油1大勺、花雕酒1大勺、生抽1大勺、老抽1小勺、盐1小勺

 制作方法

1 葱洗净，切段；姜去皮、洗净，切片；蒜去皮、洗净，备用。

2 梅干菜洗净，控干水分；鸡翅中洗净，剁成两半，控干水分。

3 锅中倒入1大勺油，烧至五成热时，放入鸡翅，煎至两面金黄。

4 接着放入葱、姜、蒜，煸炒出香味，再调入其余所有调料，放入冰糖，翻炒均匀。

5 待水分炒干，放入梅干菜，倒入半碗清水，慢炖至水分完全蒸发。

6 将鸡翅盛入盘中，入蒸锅蒸约20分钟，即可出锅。

Q & A 梅干菜鸡翅怎么做更鲜香入味?

这道菜需先炒后蒸，使梅干菜吸足油和糖分。由于梅干菜比较容易吸油和糖分，故可多放些油和冰糖，这样口味会更佳。另外，将鸡翅用油煎至金黄，再进行炒制和蒸制，做出来后会更加金黄香脆。

🍲 中级　🕐 1小时20分钟　🥢 2人

酱烧狮子头

做菜来扫我！

- 材料：五花肉1块（500g）、葱1段、姜1块、蒜2瓣、八角2个、桂皮1块
- 调料：生粉2大勺、油4碗、料酒1大勺、甜面酱1大勺、生抽1大勺、白糖1大勺
- 腌料：油1大勺、料酒2大勺、生抽1大勺、盐1小勺、淀粉1大勺

Q & A
酱烧狮子头怎么做才酱香浓郁？

酱烧狮子头中的"调味酱"，是这道菜品的关键，在调制时，既不能过稀，也不能过干，一定要呈黏稠的糊状，这样做出来的狮子头才能酱香味十足。另外，在团制肉丸时，用手蘸水，可避免肉馅粘手。

 制作方法

1 用刀剔除五花肉的筋膜，然后洗净，滗干水分。

2 将五花肉剁成肉糜，加入腌料，顺同一方向快速搅动。

3 手蘸水，将肉馅握在手中，反复轻揉，团成肉丸，蘸匀生粉，备用。

4 接着起油锅，放入肉丸，炸至表面金黄，捞出、控油，备用。

5 葱洗净，切葱花；姜、蒜去皮、洗净，剁成碎末，备用。

6 将料酒、甜面酱、生抽、白糖调合，制成"调味酱"，备用。

7 锅内倒2大勺油，中火烧至七成热，爆香葱姜蒜。

8 倒入四成满的水，大火烧开后转小火，加入"调味酱"，拌匀后放入八角和桂皮。

9 将肉丸放入锅中，翻滚几下，小火煮40分钟后捞出，浇上锅内的酱汁，即可食用。

蒜有抗菌消炎的作用，可保护肝脏、调节血糖、保护心血管、抗高血脂和动脉硬化。另外，蒜还能促进血液循环，减缓血管与皮肤老化。

🍲 中级　🕐 35分钟　🍽 3人

做菜来扫我！

蒜泥凤爪

- 材料：葱1段、姜1块、蒜8瓣、小红辣椒3个、鸡爪10个
- 调料：料酒1大勺、盐1小勺、油1大勺、白胡椒粉1小勺、香油1小勺

Q & A
蒜泥凤爪怎么做更开胃爽口?

这道菜品需重用蒜泥,可在鸡爪装盘后,再撒一次蒜泥,这样吃起来会更加爽口;搭配小红辣椒,则微辣开胃。另外,鸡爪需去除趾尖,否则会影响口感,而且需入沸水焯烫,以去除异味。

制作方法

1 葱洗净,一半切葱花,一半切片;姜去皮、洗净,一半切片,一半切末。

2 蒜洗净,剁成泥;小红辣椒洗净,切小段,备用。

3 鸡爪剪去趾尖,洗净,放入沸水中焯烫片刻,捞出,洗净。

4 锅中加入清水,放入鸡爪、葱片、姜片,调入料酒,烧沸后转小火。

5 待鸡爪煮至八成熟时,调入盐,煮熟后捞出。

6 趁热将鸡爪内的全部骨头拆去;原汤留用。

7 锅中倒油,放入葱花、姜末、蒜泥、小红辣椒段煸香,再倒入1碗原汤。

8 加白胡椒粉调味,再将鸡爪放入锅内浸制,然后锅子离火,使其自然冷却。

9 最后,淋入香油,将鸡爪捞出装盘,即可食用。

锅酥牛肉

做菜来扫我！

- 材料：葱1段、姜1块、香菜1根、生菜叶1片、牛腿肉1块、鸡蛋2个
- 腌料：料酒1大勺、盐1小勺、白胡椒粉1小勺、花椒1小勺
- 调料：淀粉半碗、油1碗、白糖1小勺、盐1小勺、醋1大勺、香油1小勺

制作方法

1 葱洗净，切葱花；姜去皮，切末；香菜洗净，切段；生菜叶洗净，切丝。

2 牛腿肉洗净，入沸水焯烫后捞出，加入所有腌料及葱花、姜末，腌制1小时。

3 牛肉入笼屉蒸熟，晾凉后切厚片；鸡蛋打散在碗中，加淀粉调匀，抹在牛肉上。

4 锅中倒油，烧热后放入上了浆的牛肉，炸至金黄后捞出，滗干油。

5 将炸好的牛肉切成条，摆放在盘子的一边，撒上香菜。

6 生菜叶加白糖、盐、醋、香油拌匀，放在盘子的另一端，即可食用。

Q&A
锅酥牛肉怎么做才松脆爽口？

牛肉需先用料酒、花椒、葱、姜等腌料腌制，这样可以更入味；蒸好的牛肉需用鸡蛋和淀粉混合的浆汁上浆，并且涂抹均匀，这样炸出来后会更加松脆。

五花肉含有丰富的蛋白质，可以补气养血、强壮身体、提供热量。肉类所含蛋白质属于优质蛋白，不仅含有人体所必需的氨基酸，而且还更接近人类蛋白质，容易消化吸收，常吃猪肉对于体质虚弱者有补益作用。

高级　　30分钟　　2人

浙式糖醋里脊

做菜来扫我！

- **材料：** 猪里脊1块（250g）、蒜5瓣、鸡蛋1个、白芝麻1大勺
- **调料：** 面粉1大勺、淀粉4大勺，油5碗、番茄酱3大勺、醋5大勺、糖4大勺、清水半碗
- **腌料：** 姜末1大勺、盐2小勺、白胡椒粉1小勺、油1大勺

制作方法

加1大勺油，可防止炸的时候粘连

1 猪里脊洗净，切成5cm长的条状，放入碗中；蒜去皮，切末，备用。

2 里脊中加入腌料，腌10分钟；再打入鸡蛋，加入面粉、淀粉、油，用手抓匀。

3 锅中倒油，待油略微冒小气泡，下入里脊，炸至微黄后捞出。

4 油锅改大火加热，放入里脊复炸一次，捞出，备用。

5 锅内留底油，下入蒜末爆香，再加番茄酱、醋、白糖、清水，熬成糖醋汁；放入里脊，裹匀。

6 最后，将糖醋里脊盛入盘中，撒上白芝麻，酸甜可口的美味就做好了。

Q&A
里脊肉怎么炸才外酥里嫩？

腌好的里脊肉裹上淀粉、面粉等制成的面糊，才能炸出表面起酥的效果。里脊肉下锅炸制时，需逐条放入，避免在锅中粘连。要想使糖醋里脊酥而不腻，需炸两遍，第一次炸时用小火定型，复炸时用大火炸酥、逼油。

排骨富含卵磷脂、骨粘蛋白和骨胶原，其中胶原蛋白可疏通微循环，起到抗衰老作用；老年人常食排骨可预防骨质疏松，特别是在秋冬季节，多食用排骨有良好的滋补功效。

🍲 高级　🕐 45分钟　🍚 2人

糖醋小排

做菜来扫我！

- 材料：肋排1斤、葱1段、姜1块、香葱1根、白芝麻1小勺
- 调味：清水3碗、盐2.5小勺、淀粉1大勺、油4碗、番茄酱2大勺、白醋2大勺、白糖4大勺、老抽0.5小勺、开水半碗、水淀粉1大勺

Q&A

糖醋小排怎么做才酥香可口？

首先，将排骨煮熟，不仅可以去腥，还能缩短炸制时间，煮制时加入葱姜和盐，便会煮出肉鲜味；其次，炸制时，需不断翻动排骨，用中小火炸，避免炸煳；最后，裹上一层浓郁的糖醋汁，鲜美可口。

制作方法

1 肋排洗净，用刀背将肋骨敲酥，再剁成肋排块，备用。

2 葱洗净，切片；姜洗净，切片；香葱洗净，切葱花，备用。

3 将肋排块、葱姜片放入清水锅中，加2小勺盐，大火煮20分钟后，捞出沥干。

4 将煮好的排骨加1大勺淀粉，并沾裹均匀，准备炸制。

5 锅中倒4碗油，下入排骨，炸成金黄色，捞出。

6 另起锅，加番茄酱、白醋、白糖、老抽和半小勺盐、半碗开水，拌匀。

7 然后淋入1大勺水淀粉勾芡，使汤汁变浓。

8 汤汁浓稠后，放入炸好的排骨，不断翻炒，使其均匀沾裹酱汁。

9 最后，关火，撒上葱花、白芝麻，即可享用。

中级　30分钟　2人

贵妃鸡翅

做菜来扫我！

- 材料：蒜3瓣、葱1段、香菜1根、鸡翅中6个、葡萄酒1碗
- 调料：油半碗、番茄酱1大勺、盐1小勺

制作方法

1 蒜去皮、洗净，切片；葱洗净，切片；香菜洗净。

2 鸡翅中洗净，两面切花刀，备用。

3 锅中倒入半碗油，烧热后，放入鸡翅中，两面炸至金黄，捞出滗油。

4 锅内留底油，爆香葱姜蒜，接着放入鸡翅中翻炒。

5 倒入葡萄酒至没过鸡翅中，调入番茄酱、盐，大火烧开后转小火，焖15分钟。

6 最后，大火收汁，放入香菜，即可盛出食用。

Q&A 贵妃鸡翅怎么做更浓醇宜人？

首先，要选购新鲜的鸡翅中，处理时，需在两面切花刀，以方便入味；其次，炸鸡翅中时，两面均需炸至金黄，这样吃起来更香脆。另外，葡萄酒需没过鸡翅中，最后用大火收汁，味道更浓醇。

中级 ⏱ 25分钟 🍽 2人

钱江肉丝

做菜来扫我！

- **材料：** 香葱3根、姜1块、猪里脊肉1块、鸡蛋清1份
- **调料：** 盐1小勺、白胡椒粉1小勺、料酒2大勺、淀粉1大勺、油2大勺、甜面酱1大勺、生抽1大勺、白糖1大勺、高汤半碗、水淀粉1大勺

制作方法

1 香葱洗净，切段；姜去皮、洗净，切丝，猪里脊肉洗净，切丝。

2 肉丝中加入鸡蛋清、盐、白胡椒粉、1大勺料酒、淀粉，用手抓匀，静置5分钟。

3 锅中倒入2大勺油，烧热后放入肉丝滑散，炒至肉丝发白，捞起沥油。

4 锅内留底油，放入甜面酱炒香，再调入生抽、料酒、白糖、高汤，翻炒均匀。

5 接着倒入肉丝，加水淀粉勾芡，炒匀后，即可盛入盘中。

6 将葱段摆放在肉丝周围，姜丝放在肉丝上面，嫩香下饭的钱江肉丝就做好了。

Q & A
钱江肉丝怎么做更鲜香下饭？

首先，肉丝中加入鸡蛋清、淀粉、盐等腌制，炒出来更嫩滑。其次，炒制过程中需把控好油温，不宜炒得过老，炒至肉丝发白时即可捞出。

香菇是具有高蛋白、低脂肪、多种氨基酸和维生素的菌类食物，多吃可增强免疫力；香菇中含有嘌呤、胆碱、酪氨酸等元素，能起到降血压、降胆固醇、降血脂的作用，可预防动脉硬化、肝硬化等疾病。

中级　　30分钟　　2人

香菇里脊

做菜来扫我！

- 材料：葱1段、香菇10朵、胡萝卜1根、里脊肉1块、鸡蛋清1份
- 调料：盐2小勺、淀粉2大勺、油3大勺、老抽1小勺、绍酒1大勺

 制作方法

1 葱洗净，切段；香菇去蒂、洗净，切片；胡萝卜去皮、洗净，切片。

2 里脊肉洗净，切片，加鸡蛋清、盐、淀粉，抓匀，备用。

3 锅中倒入1大勺油，烧至三成热时，加入上好浆的肉片，翻炒3分钟，盛出。

4 锅中放油，烧热后，爆香一半葱段，再放入肉片、香菇、胡萝卜，加盐、老抽，翻炒均匀。

5 然后淋入绍酒，放入剩下的葱段翻炒，再用水淀粉勾芡。

6 最后，淋明油，翻炒均匀，即可出锅。

Q&A
香菇里脊怎么做才更滑嫩？

里脊肉片裹上鸡蛋清、淀粉，吃起来会更香滑；肉片放入锅中翻炒时，不用炒太长时间，以免炒老，影响口感；最后，淋上明油，可使整道菜色泽鲜亮。

海带中的各种营养素含量较高，是很好的日常保健食品。海带富含膳食纤维，能促进肠道蠕动，使人排便顺畅；海带中还含有碘元素，对于改善甲状腺肿大症大有益处。

🍲 中级　🕐 1小时30分钟　🍚 2人

海带排骨汤

做菜来扫我！

● 材料：姜1块、白萝卜半根、干海带1张（约50g）、猪排骨半斤、清水4碗、枸杞0.5大勺
● 调料：盐1.5小勺、醋1大勺、料酒2大勺、白糖1小勺、胡椒粉0.5小勺

制作方法

1 姜洗净，切成2cm长的细丝；白萝卜去皮，切滚刀块。

2 干海带泡发、洗净，沥干，切成5cm长的细丝。

3 排骨洗净，切成5cm长的小块，放入滚水中焯烫，捞出、洗净，沥干。

4 往锅中倒入4碗清水，放入排骨块、姜丝，用大火煮开，撇去浮沫。

5 转小火，放入海带丝、白萝卜块，盖上锅盖，焖煮40分钟。

6 接着加盐、醋、料酒、白糖、胡椒粉调味，转大火煮开，撇去浮沫，撒上枸杞，即可。

Q&A
海带排骨汤怎么做才清香入味？

排骨要冷水下锅，大火煮滚，以去除腥味；干海带中容易藏有泥沙，建议泡水后也放入滚水中焯烫，以进一步去除泥沙；待海带和排骨的鲜味融合了白萝卜的清香味，清淡鲜美的排骨汤就做好了。

山珍海味

龙井虾仁

蛤蜊黄鱼羹

龙井虾仁、宋嫂鱼羹、花雕熏鱼……
这是一次海鲜之旅，更是一场文化盛宴。

腐皮包黄鱼

番茄鱼片

虾中含有丰富的镁，对心脏活动具有重要的调节作用，还可减少血液中的胆固醇含量，防止动脉硬化；龙井中含有丰富的营养物质，具有生津止渴、降血压、抗菌等功效。

初级　🕐 30分钟　🍽 2人

龙井虾仁

做菜来扫我！

- 材料：虾仁20个、龙井茶叶1大勺、鸡蛋清1份
- 调料：黄酒2大勺、盐1.5小勺、淀粉1大勺

制作方法

1 虾仁挑去虾线，用清水反复清洗，沥干水分，备用。

2 虾仁中加1大勺黄酒、盐和鸡蛋清、淀粉抓匀，静置1小时。

3 龙井茶叶用约90℃水泡1分钟，沥出一半茶叶，余下的茶叶、茶汁备用。

4 锅中倒入1大勺油，烧热后放入虾仁滑散，迅速出锅沥油。

5 锅内留底油，倒入虾仁，迅速倒入茶汁和茶叶，烹入黄酒、盐，不断翻炒。

6 盛出虾仁后，将剩下的茶叶撒在虾仁上，即可食用。

Q & A
龙井虾仁怎么做更清香入味？

腌制虾仁时，不可放过多淀粉，否则会影响整体清亮的色泽；滑炒虾仁时，不需炒过长时间，避免将虾仁炒老；再次炒虾仁时，倒入虾仁后要迅速倒入茶汁和茶叶，不断翻炒，这样可使龙井的清香充分融进虾仁。

蛤蜊味咸寒，具有滋阴润燥、利尿消肿、软坚散结等作用；黄鱼含有丰富的微量元素硒，能清除人体代谢产生的自由基，延缓衰老，并对各种癌症有防治功效。

🍚 中级　🕐 25分钟　🥢 3人

蛤蜊黄鱼羹

做菜来扫我！

- 材料：蛤蜊15个、黄鱼肉1块（250g）、葱1段、鸡蛋1个、火腿1根
- 调料：盐2小勺、油1大勺、绍酒1大勺、高汤1碗、水淀粉1大勺、猪油1小勺

 制作方法

1 蛤蜊洗净，放入盐水中浸泡2小时，使其吐净泥沙，再用清水洗净，滗干水分。

2 将蛤蜊放入沸水中，煮至壳略微张开，捞出滗干，冷却后去壳取肉。

3 黄鱼肉洗净，切丁；葱洗净，切末；火腿切末；鸡蛋去壳，打散在碗中，搅拌均匀。

4 锅中倒油，烧至五成热，爆香一半葱末，再放入鱼肉丁煸炒，加绍酒、1小勺盐、高汤。

5 大火煮沸后，撇去浮沫，加水淀粉勾芡，再放入蛤蜊肉，淋入鸡蛋液和猪油，用勺轻轻推匀。

6 最后，撒上火腿末和剩余葱末，出锅装盘，即可食用。

Q&A 蛤蜊黄鱼羹怎么做更鲜美可口？

蛤蜊需提前放入盐水中浸泡，使其吐净泥沙，以免影响口感；蛤蜊煮至略微张开口，即可捞出取肉，不可煮过长时间，以免煮老。

蛏子肉味甘、咸，性寒，有清热解毒、补阴除烦、清
胃治痢、产后补虚等功效；蛏子含有锌和锰，有健脑
益智的作用；另外，蛏子富含碘和硒，是甲状腺功能
亢进病人、孕妇、老年人良好的保健食品。

🍲 初级　🕐 30分钟　🍚 2人

三丝拌蛏

做菜来扫我！

- 材料：蛏子15个、韭菜1把、香菇3朵、火腿1根
- 调料：盐2小勺、绍酒1大勺、香油1小勺
- 蘸料：姜末1小勺、醋1小勺、生抽1小勺

 制作方法

1 蛏子洗净，提前放入盐水中浸泡3小时，使其吐净泥沙，捞出后洗净。

2 将蛏子放入沸水中焯烫至开口，捞出沥干，冷却后去壳，剪去须尖和肠泥，洗净。

3 韭菜洗净，切成3cm长的段；香菇去蒂、洗净，切成丝；火腿切丝。

4 将香菇放入焯烫蛏子的汤中焯烫，烧沸后放入韭菜，立即捞出，冷却后沥干水分。

5 碗中放入蛏子肉、韭菜、香菇、火腿，搅拌均匀。

6 最后，调入1小勺盐、绍酒，淋入香油，搭配蘸料，即可食用。

 Q&A

三丝拌蛏怎么做更脆爽鲜美？

蛏子需提前放入盐水中浸泡，使其吐净泥沙，避免影响口感；焯烫蛏子的汤不要倒掉，可将切好的韭菜、香菇继续放入汤中焯烫，充分吸收汤中的鲜味。

黄鳝肉味甘、性温，有补中益气、治虚损之功效，还有温阳健脾、滋补肝肾、祛风通络的医疗保健功能。而虾的营养极为丰富，蛋白质含量很高，是鱼、蛋、奶的几倍甚至几十倍。

🍲 中级　⏱ 35分钟　🍽 2人

虾爆鳝背

做菜来扫我！

- **材料：** 香葱1根、蒜3瓣、虾仁10个、黄鳝1条
- **调料：** 盐1小勺、黄酒2大勺、葱姜汁1大勺、面粉1大勺、生粉2大勺、油1碗、香油1小勺
- **汤汁料：** 生抽1大勺、白糖1大勺、白胡椒粉1小勺、黄酒1大勺、醋1大勺

Q&A

虾爆鳝背怎么做才外脆里嫩？

黄鳝切好后需首先用盐、黄酒等腌制，这样会更入味，且裹上面粉和生粉调成的糊，炸后会更酥脆；黄鳝需炸2遍，第一遍炸至外表起壳后捞出，第二遍炸至金黄，这样吃起来才外酥里嫩。

制作方法

1 香葱洗净，切葱花；蒜去皮，切末；虾仁洗净，挑去虾线；黄鳝洗净，斜切成片。

2 在切好的黄鳝中加盐、黄酒、葱姜汁，腌制入味。

3 将面粉和生粉调成糊状，倒入黄鳝中，用手抓匀。

4 锅中倒油，烧至七成热，放入处理好的黄鳝，炸至外表起壳后捞出。

5 待油温烧至八成热，放入黄鳝复炸至金黄酥脆，捞出后滗油，装盘。

6 锅中留底油，烧热后，放入虾仁，迅速滑熟，捞出，备用。

7 净锅，倒入1大勺油，烧热后，放入蒜末爆香。

8 加入所有汤汁料，烧开后用生粉勾芡，淋入香油，制成汤汁。

9 最后，将汤汁淋在黄鳝上，放入虾仁，撒上葱花，即可食用。

雪里蕻含有大量的抗坏血酸，是活性很强的还原物质，能激发大脑对氧的利用，有醒脑提神、解除疲劳的作用；黄鱼肉质中含有多种维生素和微量元素，对人体具有很好的滋补功效。

中级 ⏱ 30分钟 🍲 3人

雪菜大汤黄鱼

做菜来扫我！

- 材料：姜1块、香葱3根、葱1段、冬笋1块、腌雪里蕻1棵、黄鱼1条
- 调料：油2大勺、黄酒1大勺、盐1小勺、熟猪油1大勺

Q&A
雪菜大汤黄鱼怎么做更咸鲜入味?

黄鱼洗净后,在鱼身两侧切花刀,会更方便入味;黄鱼刚放入锅内煎制时,先不要急于晃动鱼身,以免破坏鱼皮的完整。

制作方法

1 姜去皮、洗净,切片;香葱洗净,打成结;葱洗净,切段,备用。

2 冬笋洗净,切片;腌雪里蕻洗净,切碎;黄鱼洗净,在鱼身两侧切花刀。

3 锅中倒入2大勺油,烧至七成热时,放入姜片煸香。

4 接着放入黄鱼,两面煎至略黄。

5 烹入黄酒,盖上锅盖,焖制片刻。

6 倒入沸水,放入葱结,盖上锅盖,转中火,焖烧约8分钟。

7 焖好后拣去葱姜,调入盐,再放入笋片、腌雪里蕻碎。

8 然后加熟猪油,转大火煮沸。

9 待汤汁煮至乳白色时,撒上葱段,即可盛出。

中级　⏲ 35分钟　🍜 2人

腐皮包黄鱼

- 材料：葱1段、香菜1根、鸡蛋1个、黄鱼1条、油皮1张
- 调料：盐1小勺、黄酒1大勺、淀粉1大勺、油1碗、花椒盐1小勺

Q&A
腐皮包黄鱼怎么做更香脆鲜嫩?

首先,黄鱼切片时,需切得薄厚均匀,不可切太厚,否则不容易炸香;其次,用油皮卷黄鱼肉时,需用蛋黄封牢,避免炸制时裂开;最后,炸鱼肉卷时,需及时翻动,以免炸糊。

制作方法

1 葱洗净,切葱花;香菜洗净;鸡蛋分离出蛋黄和蛋清,备用。

2 黄鱼洗净、取净肉,去皮,斜刀切成约6cm长、2cm宽的片,放入碗中。

3 鱼肉碗中倒入鸡蛋清,加盐、黄酒、淀粉、一半葱花,搅拌均匀。

4 油皮入蒸锅中蒸软,撕去边筋,摊平,切成均等的长方形。

5 取一块油皮,放入鱼肉,卷成长条,用蛋黄封口。

6 依照步骤4、5,包好所有鱼肉,再切成5cm长的菱形块。

7 锅中倒入1碗油,烧至四成热时,放入鱼肉卷,不断翻动,炸至淡黄色后捞出。

8 待油温回升,将鱼肉卷复炸至金黄色,捞出后装盘。

9 撒上花椒盐、剩余葱花和香菜,食用时配上番茄酱、醋等,更添爽口滋味。

🍲 中级　⏱ 30分钟　🥣 3人

宋嫂鱼羹

做菜来扫我！

- 材料：姜1块、冬笋1块、冬菇2朵、葱1段、鸡蛋1个、鲈鱼1条
- 调料：黄酒1大勺、盐2小勺、油1大勺、高汤1碗、料酒1大勺、生抽1大勺、水淀粉1大勺、醋1大勺、香油1小勺

Q&A

宋嫂鱼羹怎么做更鲜嫩润滑?

做宋嫂鱼羹时，鲈鱼肉蒸制时间可稍长一些，以使鱼肉更加入味；宋嫂鱼羹的特色是色泽黄亮，味似蟹羹，所以需取鸡蛋黄，均匀地淋入锅内，轻轻推匀。

制作方法

1 姜去皮、洗净，冬笋洗净，冬菇泡发、洗净，均切丝；葱洗净，切段。

2 鸡蛋去壳，取蛋黄，搅拌均匀，备用。

3 鲈鱼洗净，取鱼肉，改斜刀片成大片，用清水洗净。

4 鱼肉中加姜丝、一半葱段、黄酒、盐，搅拌均匀。

5 接着放入蒸锅，大火蒸6分钟，拣去葱姜，渗出卤汁留用。

6 用叉子拨碎鱼肉，拣去皮骨，将卤汁倒回鱼肉中；笋丝入沸水焯烫，捞出滗干。

7 锅中倒油，烧热后煸香剩余葱段，加高汤、料酒烧开后下入笋丝和冬菇，煮沸，倒入鱼肉。

8 调入生抽、盐，大火煮开后用水淀粉勾芡，均匀地淋入蛋黄，拌匀。

9 再次煮开后，淋入醋、香油，即可食用。

鲢鱼头营养丰富，具有暖胃、补气、泽肤、乌发、养颜等功效，可治疗脾胃虚弱、食欲减退、瘦弱乏力、腹泻等症状；豆腐常食可补中益气、清热润燥、生津止渴、清洁肠胃。

中级　1小时　3人

砂锅鱼头豆腐

做菜来扫我！

- 材料：青蒜1根、姜1块、蒜3瓣、香菇3朵、豆腐1块、鲢鱼头1个
- 调料：料酒1大勺、生抽1大勺、油2大勺、盐1小勺

制作方法

1 青蒜洗净，切段；姜和蒜分别去皮、洗净，切片；香菇去蒂、洗净，切片。

2 豆腐洗净，切大块，入沸水中焯烫，去除豆腥味。

3 鲢鱼头洗净，加料酒、生抽腌10分钟，取出后洗净，用刀劈成两半。

4 锅中倒入2大勺油，爆香蒜片，放入鱼头，两面煎黄。

加清水至没过鱼头

5 然后倒入清水，放入姜片，大火烧开后转小火，煲约30分钟。

6 放入豆腐和香菇，转中火慢炖，烧开后加盐，撒上青蒜，即可食用。

Q & A
砂锅鱼头豆腐怎么做更汤醇味浓？

豆腐需入沸水焯烫，以去除豆腥味；鲢鱼头加料酒等腌制10分钟，可去除鱼腥味；鱼头和豆腐可根据个人喜好调整煲制时间，煲制时间越长，味道越香醇。

墨鱼是一种高蛋白、低脂肪的滋补食品，富含蛋白质、维生素A、钙等营养元素，具有滋养肝肾、补阴血、调经之功效，用于治疗妇女经血不调、水肿、湿痹、痔疮等症。

中级　　　　　2人

爆墨鱼花

做菜来扫我!

- 材料：葱1段、姜1块、蒜3瓣、香葱1根、胡萝卜1根、墨鱼肉1碗
- 调料：盐1小勺、白胡椒粉1小勺、高汤半碗、水淀粉1大勺、油1碗

 制作方法

1 葱洗净，姜、蒜去皮，均切末；香葱洗净，切葱花；胡萝卜去皮，切成丁。

2 用盐、白胡椒粉、高汤、水淀粉勾成芡汁；墨鱼肉洗净，切麦穗花刀，再切成5cm长、2.5cm宽的长方块。

3 取两只炒锅，一只锅中倒入清水，大火煮沸；另一只锅中倒入1碗油，烧至七成热。

 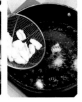

4 墨鱼肉入沸水锅中焯烫，立即捞出，滗去水分，接着放入油锅中，炸至八成熟，捞出滗油。

5 锅中留底油，爆香葱姜蒜，再倒入墨鱼肉。

6 烹入芡汁，快速翻炒至芡汁紧包墨鱼肉，撒上葱花，即可出锅。

Q&A
爆墨鱼花怎么做更新鲜爽滑？

墨鱼肉放入沸水中焯烫时间不宜过长，否则会影响其脆嫩口感；炒墨鱼肉时，一定要用大火速炒，并使芡汁紧包墨鱼肉，这样炒出来后色泽会更加鲜亮。

中级　🍲35分钟　🍜2人

番茄鱼片

做菜来扫我！

- 材料：葱1段、姜1块、蒜3瓣、香菜1根、西红柿1个、草鱼1条
- 腌料：鸡蛋清1份、绍酒1大勺、盐1小勺、淀粉1大勺
- 调料：油1碗、番茄酱1大勺、白糖1大勺、绍酒1大勺、醋1大勺、盐1小勺、水淀粉1大勺

Q&A
番茄鱼片怎么做才酸甜可口？

西红柿入沸水焯烫片刻，会更容易去皮；草鱼用鸡蛋清、绍酒、盐等腌料腌制15分钟，可以更入味；另外，炒西红柿时，用小火慢煸，直至西红柿软烂，会使这道菜更酸爽、滑嫩。

制作方法

1 葱洗净，姜和蒜去皮、洗净，均切末；香菜洗净，切碎，备用。

2 西红柿洗净，入沸水焯烫后去皮、洗净，切小块，备用。

3 草鱼洗净，取净肉，切成大片，放入碗中。

4 然后加入所有腌料，用手抓匀，腌制15分钟。

5 锅中倒油，烧至五成热，放入鱼肉，炸至金黄后捞出，滗油。

6 锅中留底油，放入葱姜，大火煸香。

7 接着放入西红柿和番茄酱，小火炒至西红柿软烂出汁。

8 加白糖、绍酒、醋、盐炒匀，再用水淀粉勾芡。

9 最后，放入炸好的鱼片快速翻炒，撒入香菜碎，即可出锅。

中级　🕐 1小时　🍽 2人

花雕熏鱼

做菜来扫我！

- ●材料：葱1段、姜1块、草鱼1条
- ●调料：盐1小勺、料酒1大勺、油1碗
- ●糖酒汁料：花雕酒半碗、白糖半碗、盐1小勺

山珍
海味

Q&A

花雕熏鱼怎么做更酸甜酥脆？

糖酒汁中，白糖和花雕酒的比例为1:1，且白糖和花雕酒一定要多放，搅拌均匀后需放入冰箱冷藏，这样做出来的花雕熏鱼口味会更佳；另外，用热水一遍遍地浇在鱼肉上，可去除鱼腥味。

 制作方法

花雕酒与白糖一定要多放，比例为1:1。

① 葱洗净，一半切段，一半切葱花；姜去皮，切片；草鱼洗净，取净肉，切块。

② 鱼块中加盐、料酒、葱段、姜片，抓匀后，放入冰箱，腌制30分钟。

③ 将所有糖酒汁料倒入容器中，搅匀后静置片刻，使之变黏稠，再放入冰箱冷藏。

④ 从冰箱取出腌好的鱼肉，拣去葱姜，将鱼肉放在漏勺内。

⑤ 锅中倒入清水，烧至八成热，用勺子舀热水，不断浇在鱼肉上，再控干水分。

⑥ 锅中倒入1碗油，烧至七成热，用中火将鱼肉炸至金黄，捞出。

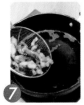

⑦ 待油烧至八成热，放入鱼肉复炸，捞出后，迅速放入糖酒汁中，浸泡2分钟。

⑧ 接着滗出糖酒汁，倒入锅中，熬至浓稠、起大泡时，即可关火。

⑨ 将熬好的糖酒汁均匀地淋在鱼肉上，撒上葱花，即可食用。

初级　⏱45分钟　🍚2人

滑熘虾

做菜来扫我!

- 材料：葱1段、姜1块、青豆半碗、虾仁20个
- 调料：盐2小勺、料酒1大勺、淀粉1大勺、油1大勺

制作方法

1 葱洗净，切片；姜去皮、洗净，切丝，备用。

2 青豆洗净，入沸水中焯烫约20秒，捞出过凉，滗干水分。

3 虾仁洗净，挑去虾线，滗干后加盐、料酒、淀粉拌匀，放入冰箱，冷藏30分钟。

4 锅中倒入1大勺油，爆香葱姜，放入腌好的虾仁，快速滑散。

5 至虾仁开始变色时，放入青豆，一起翻炒均匀。

6 待虾仁炒红，加1小勺盐调味，即可盛出。

Q & A
滑熘虾怎么做更脆嫩鲜爽？

虾仁要滗干水分后再放调料腌制，而且最好放于冰箱冷藏，这样炒熟的虾仁就能晶莹饱满、充满弹性；虾仁的外层通常有一层粘液，处理时可以用面粉轻轻抓几下，再用清水洗净即可。

海蜇含有人体需要的多种营养成分，尤其是人们饮食中所缺的碘，具有清热、化痰、消积、通便之功效；鸡胸肉蛋白质含量较高，且易被人体吸收，有增强体力的作用。

初级　45分钟　2人

拌海蜇皮

做菜来扫我！

- 材料：蒜3瓣、青椒1块、黄瓜1根、火腿1根、鸡脯肉1块、海蜇皮1碗
- 调料：盐2小勺、白糖1小勺、生抽1大勺、醋1大勺、香油1小勺

制作方法

1 蒜去皮，切末；青椒切丝，入沸水焯烫；黄瓜去皮，切丝，加盐抓拌，滗去水分。

2 火腿切丝；鸡脯肉洗净，切成细丝，入锅煮熟后晾凉，备用。

3 海蜇皮去除表面红膜，洗净，切成3.5cm长的细丝，放入清水中。

4 加盐，用手搓去海蜇丝的咸味后，浸泡30分钟，捞出滗干。

5 用蒜末、白糖、生抽、醋调成料汁，与海蜇丝、黄瓜丝拌匀，盛入盘中。

6 加入熟鸡丝、青椒丝、火腿丝，淋入香油，即可食用。

Q&A 拌海蜇皮怎么做更清脆爽嫩？

海蜇皮遇热会迅速收缩，因此，不可用沸水焯烫；同时需用温水或凉水反复清洗，以去除咸味及残留的沙粒，这样吃起来会更清爽。

三片敲虾

做菜来扫我！

🍳 中级　⏱ 40分钟　🍴 3人

- 材料：香菇3朵、火腿1根、冬笋1块、香葱3根、姜1块、油菜4棵、虾6只
- 调料：淀粉2大勺、高汤2碗、绍酒1大勺、盐1小勺、白糖1小勺、胡椒粉1小勺、香油1小勺

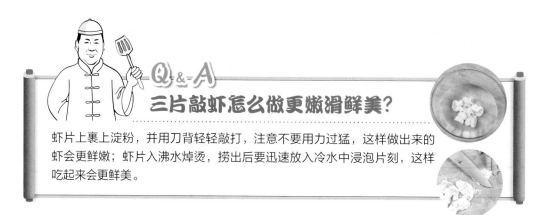

Q & A
三片敲虾怎么做更嫩滑鲜美？

虾片上裹上淀粉，并用刀背轻轻敲打，注意不要用力过猛，这样做出来的虾会更鲜嫩；虾片入沸水焯烫，捞出后要迅速放入冷水中浸泡片刻，这样吃起来会更鲜美。

制作方法

1 香菇去蒂、洗净，切片；火腿切片；冬笋去皮、洗净，切片。

2 将香菇、火腿、冬笋一起放入沸水中焯烫，捞出沥干。

3 香葱洗净，打成结；姜去皮、洗净，切片。

4 油菜洗净，放入沸水中焯烫片刻，捞出。

5 虾洗净，去头去尾去壳，挑去虾线。

6 虾仁从背部破开，用刀面拍成扇形。

7 接着往虾片两面拍上淀粉，用刀背轻轻敲打成薄虾片。

8 处理好的虾片入沸水焯烫，捞出后迅速放入冷水中浸泡片刻，捞出。

9 锅中倒入高汤，加葱结、姜片、绍酒，大火煮沸。

10 然后加盐、白糖调味，拣去葱结和姜片。

11 将火腿、冬笋、香菇放入锅中，倒入虾片，加胡椒粉、香油调味。

12 最后，放入油菜，煮沸后即可出锅。

鸡蛋含有丰富的蛋白质，可补充人体所需营养；虾中含有丰富的镁，镁对心脏活动具有重要的调节作用，并且能很好地保护心血管系统，减少血液中胆固醇的含量。

初级　⏱ 45分钟　🍽 2人

虾仁烘蛋

做菜来扫我！

- 材料： 毛豆1把、鸡蛋4个、虾仁15个
- 调料： 油2大勺、盐1小勺、白胡椒粉1小勺、蚝油1大勺、料酒1大勺

 制作方法

1 毛豆去壳，洗净；鸡蛋去壳，打散在碗中，拌匀；虾仁洗净，挑去虾线，备用。

2 将毛豆放入沸水中煮熟，捞出，控干水分。

3 锅中倒入1大勺油，烧热后，放入虾仁和煮熟的毛豆，翻炒至熟。

4 将虾仁和毛豆倒入鸡蛋液中，加盐、白胡椒粉、蚝油、料酒，搅拌均匀。

5 净锅，倒入1大勺油，烧热后，倒入拌匀的虾仁蛋液。

6 待蛋液煎至快凝固时，翻面，继续煎至金黄，即可盛出。

Q&A
虾仁烘蛋怎么做更香酥软嫩？

首先，虾仁和毛豆需要提前炒熟，再倒入鸡蛋液中；其次，在煎制时，蛋液将要凝固时需及时翻面，不可煎制过长时间。另外，可依据个人喜好，添加洋葱、胡萝卜等蔬菜，口味更丰富。

精巧面点

嘉兴粽子

拔丝蜜橘

嘉兴粽子、葱包烩儿、鲜肉小笼……
精致萝莉的面点，味美无边。

吴山葱油饼

葱包烩儿

嘉兴粽子

做菜来扫我！

中级　2小时　3人

- 材料：姜1块、红洋葱2头、糯米1碗、粽叶10片、五花肉1块
- 调料：油2大勺、料酒2大勺、生抽2大勺、盐2小勺、白糖2大勺、胡椒粉1小勺

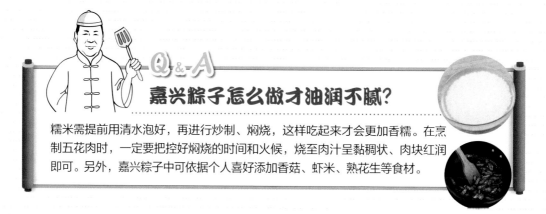

Q&A

嘉兴粽子怎么做才油润不腻？

糯米需提前用清水泡好，再进行炒制、焖烧，这样吃起来才会更加香糯。在烹制五花肉时，一定要把控好焖烧的时间和火候，烧至肉汁呈黏稠状、肉块红润即可。另外，嘉兴粽子中可依据个人喜好添加香菇、虾米、熟花生等食材。

1 姜去皮、洗净，切片；红洋葱去皮、洗净，切末，备用。

2 糯米洗净，提前浸泡8小时，滗干；粽叶浸泡至软，洗净，备用。

3 五花肉入沸水焯烫片刻后捞出，用冷水洗净，滗干水分，切小块。

4 锅中倒油，烧热后爆香姜片，再放入肉块，煸炒至出油，加料酒、生抽、盐调味。

5 加清水至淹没肉块，盖上锅盖，转大火煮沸，再加白糖炒匀，转小火，加盖继续焖烧。

6 15分钟后掀盖翻炒片刻，再焖15分钟至肉变色，加白糖翻炒，继续焖烧。

7 10分钟后，转大火，不断翻炒至肉汁黏稠、肉块红润，盛盘备用。

8 净锅倒油，烧热后小火煸香红洋葱末，再倒入烧好的肉块，翻炒均匀，盛出备用。

9 净锅倒油，放入糯米，加剩余料酒、生抽、盐和胡椒粉，炒至六成熟，盛出备用。

10 粽叶两片互叠，折成尖底三角漏斗状，先填入炒好的糯米，中间包入肉块和洋葱末。

11 上层再铺上糯米，收拢粽叶两端，包成三角锥状，扎紧。

12 锅中倒入清水，放入包好的粽子，大火煮沸后转小火，焖烧1小时，煮熟即可。

软糯美味的宁波汤团用糯米粉制成，营养丰富，含有蛋白质、脂肪、糖类、钙、磷、铁等多种营养元素，具有补中益气、健脾养胃的功效，对食欲不佳、腹胀腹泻有一定的缓解作用。

中级　40分钟　3人

宁波汤团

做菜来扫我！

- 材料：黑芝麻半碗、猪板油1块、糯米粉1碗
- 调料：白糖3大勺、糖桂花1大勺

制作方法

1 黑芝麻洗净，滗干水分，放入锅中，小火炒香，冷却后，碾成粉状，用筛子过滤。

2 猪板油去膜，搅碎后，加1大勺白糖、黑芝麻粉拌匀，再团成一个个小丸子。

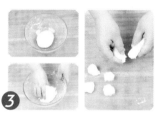

3 糯米粉团中加水，揉成光滑的面团，搓成长条，再揪成大小相同的面剂子。

4 取一个面剂子，搓圆、按扁后，捏成酒盅型，包入馅丸，收口搓圆，制成汤团。

5 将汤团下入沸水中，煮至浮起，转中火，加清水，并用汤勺轻轻推动，8分钟后，即可捞出。

6 煮好的汤团连汤盛入碗中，加白糖、糖桂花，香糯的宁波汤团就做好了。

Q & A
宁波汤团怎么做更香糯可口？

煮汤团时，锅中需多放入清水，待水沸后下入汤团，用中火慢慢煮熟，不可用大火，否则汤团表面的粉层容易剥落，影响外观和口感。另外，煮汤团时需用汤勺轻轻推动，防止粘锅。

拔丝蜜橘做出来后色泽光亮，甜中带酸，吃起来松脆爽口，开胃且易于消化；橘子富含维生素C和柠檬酸，具有美容养颜、消除疲劳的作用。

🍳 中级　⏱ 30分钟　🍚 2人

拔丝蜜橘

做菜来扫我！

- 材料：橘子2个、鸡蛋1个、熟芝麻1小勺、糖桂花1小勺
- 调料：淀粉半碗、面粉1大勺、油1碗、白糖半碗

制作方法

1 橘子剥皮，逐瓣分开后，均匀地裹上一层淀粉。

2 鸡蛋去壳打散，加入面粉、淀粉、清水，调匀成蛋糊。

3 接着放入橘子瓣，均匀地沾裹上蛋糊。

4 锅中倒入1碗油，烧热后，放入处理好的橘子瓣，炸至表面金黄，捞出后滗油。

5 锅中留底油，加白糖，小火翻炒至浅棕色，下入炸好的橘子瓣。

6 再撒上熟芝麻和糖桂花，快速翻炒，使橘子瓣均匀地裹上糖汁，出锅后即可拔丝。

Q&A
拔丝蜜橘怎么做才松脆爽口？

橘子水分较多，在下油锅前，需先裹上蛋糊，否则炸制时易崩裂，造成烫伤；另外，白糖翻炒时需用小火，否则易糊，且放入橘子瓣后需快速翻炒。

吴山酥油饼

做菜来扫我！

🍲 中级　⏱ 1小时　🍜 2人

- 材料：面粉2碗、玫瑰花碎1大勺
- 调料：油1.5碗、白糖1大勺、糖桂花1大勺

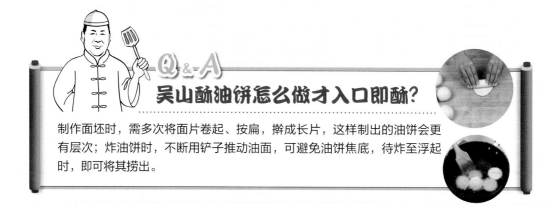

Q&A
吴山酥油饼怎么做才入口即酥？

制作面坯时，需多次将面片卷起、按扁，擀成长片，这样制出的油饼会更有层次；炸油饼时，不断用铲子推动油面，可避免油饼焦底，待炸至浮起时，即可将其捞出。

制作方法

1 取1/3面粉，加2大勺油，揉透，制成油酥面。

2 剩余面粉中加开水，用手搓成雪花状，摊开晾凉。

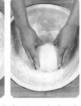

3 晾凉的面粉中加入1大勺冷水、3大勺油，揉至光滑，制成水油面。

4 油酥面和水油面上均覆盖保鲜膜，室温下饧30分钟。

5 将油酥面和水油面各分成大小相同的剂子，滚圆，备用。

6 取水油面剂子，按扁，包入油酥面剂子，包拢，收口朝下，按扁后擀成长片。

7 将长片卷拢、按扁，再擀成长片，如此卷擀3次，最后卷起。

8 然后从中间切成两半，制成2个圆筒形面团。

9 取圆筒形面团，刀纹面朝上，放在案板上，按扁，擀成直径4cm的饼坯。

10 锅中倒油，大火烧至六成热，端离火源，用铲子搅动，使油面旋转，放入饼坯。

11 锅置中火上，继续用铲子轻轻推动油面，待油饼炸至浮起，捞出沥油。

12 最后，在炸好的饼上撒上白糖、糖桂花、玫瑰花碎，即可食用。

中级　　40分钟　　2人

葱包烩儿

做菜来扫我！

- 材料：葱1段、面粉1碗、油条2根、鸡蛋1个
- 调料：盐1小勺、油半碗

制作方法

1 葱洗净，切葱花；面粉中加沸水、盐，揉成光滑的面团，切成大小均等的剂子。

2 取两个剂子，按扁，刷上油，叠放在一起，擀成圆形薄饼。

3 锅中倒油，烙至两面微黄后取出，将饼起壳的一面朝上。

4 放入油条，撒上葱花，将饼卷起；鸡蛋打散，抹在收口处，卷紧后口朝下放置。

5 锅中倒入1大勺油，烧热后放入卷好的饼，用铲子使劲压。

6 翻面再压，保持小火，直至两面煎成微黄色，取出，抹上自己喜欢的酱，就可以吃了。

Q&A
葱包烩儿怎么做才香酥脆黄？

面粉中加入沸水，制成烫面团，可使饼更加柔软；葱包烩儿里抹上少许鸡蛋液，可使饼更黏合，而且增加营养；另外，煎制葱包烩儿时，需保持小火，以免煎煳。

红豆沙中含有蛋白质、B族维生素、维生素E等多种营养元素，有健脾利水的功效；鸡蛋清中富含蛋白质和人体必需的8种氨基酸和少量醋酸，可增强皮肤的润滑度，起到美容养颜的作用。

中级　⏲ 45分钟　🍽 2人

细沙羊尾

做菜来扫我！

- 材料：猪板油1块、细红豆沙1碗、糯米粉半碗、鸡蛋清2份、玫瑰花碎1大勺
- 调料：淀粉1大勺、油1碗、白糖1大勺

制作方法

1 猪板油去膜，洗净后，切成长方形的薄片，摊平；细红豆沙团成丸子。

2 取板油片，包入豆沙丸子，卷好后，沾裹糯米粉，用手捏紧，制成羊尾馅。

3 鸡蛋清打成蛋泡，加淀粉，拌成蛋泡糊。

4 锅中倒入1碗油，烧至三成热，将羊尾馅裹上蛋泡糊，放入锅中。

5 接着转中火，炸至外层结壳，呈金黄色，捞出控油。

6 将白糖和玫瑰花碎撒在炸好的细沙羊尾上，即可食用。

Q&A
细沙羊尾怎么做才油润香甜？

馅心放有猪板油，熔化后被细豆沙吸收，更觉油润香甜；包馅时要捏紧，以防松散，影响外观；另外，炸制时，入锅时用小火，出锅时油温略高些，这样炸出来的细沙羊尾才更焦脆。

中级　⏱ 1小时30分钟　🥘 2人

生煎虾饼

做菜来扫我！

- 材料：葱1段、荸荠3个、熟肥猪膘肉1块、豌豆苗1把、虾仁15个
- 调料：盐2小勺、鸡蛋清2份、淀粉1大勺、水淀粉1大勺、黄酒2大勺、姜汁1小勺、白胡椒粉1小勺、油3大勺、醋1大勺

Q&A

生煎虾饼怎么做才外酥里嫩？

制作浆虾仁时，需加入鸡蛋清，并顺着同一个方向搅拌，静置至充分胀透，这样做出的虾饼才会更鲜嫩；而煎制虾饼前，将锅置火上烤热，再用油润滑锅，可防止粘锅。另外，煎虾饼时要不断放油，这样煎出的虾饼才会金黄香脆。

制作方法

1 葱洗净，切末；荸荠去皮、洗净，切末；熟肥猪膘肉切末，备用。

2 豌豆苗入沸水焯烫，捞出，装饰在盘中；虾仁洗净，挑去虾线。

3 虾仁中加1小勺盐、1份鸡蛋清，顺同一个方向搅拌至有黏性。

4 接着加淀粉，搅拌均匀后静置1小时，至其胀透成浆虾仁。

5 将浆虾仁剁成绿豆大的粒，和葱末、荸荠、肥猪膘一起放入容器。

6 加鸡蛋清、1大勺黄酒、姜汁、盐、白胡椒粉，搅拌至有黏性，加水淀粉拌匀成虾料。

7 锅中倒油，烧至两成热，取虾料挤成直径约2.5cm的丸子，依次放入锅中排齐，用勺压扁。

8 再倒入1大勺油，煎5分钟，至虾饼熟透、两面金黄，捞出滗油。

9 炒锅中倒油，烧热后，放入虾饼，烹入黄酒、醋，翻炒片刻，即可盛入盘内。

91

中级   35分钟   3人

鲜肉小笼

做菜来扫我！

- 馅料：猪腿肉半斤、皮冻碎半斤
- 调料：盐2小勺、白糖1大勺、酱油1大勺、葱姜水半碗、香油2小勺、猪油0.5大勺
- 面皮料：中筋面粉半斤、清水半碗

制作方法

1 猪腿肉洗净、剁碎，加入盐、白糖、酱油，拌匀，分几次倒入葱姜水，朝同一方向搅拌上劲。

2 倒入香油拌匀，放入皮冻碎、猪油，搅拌均匀，制成馅料。

3 中筋面粉中倒入清水，搅拌至絮状，揉成面团，再揉成圆形长条状，切成剂子。

右手将褶捏合，同时左右慢慢转动面皮

4 撒少许干面粉，将剂子压扁，再擀成薄圆皮。

5 面皮中放入馅料，打摺，捏紧封口，做成包子生坯。

6 最后，将包子生坯放入煮沸的蒸锅中，大火蒸15分钟即可。

Q&A
鲜肉小笼怎么做才更鲜香？

肉馅中加入皮冻碎和猪油，可以增加鲜肉小笼的鲜香，还可加入少量熟猪皮，这样做出的馅吃起来口感更佳。另外，擀面皮时，在案板上撒上些干面粉，可以防止面皮粘连。

四季鲜蔬

红烧冬瓜

桂花糖藕

荷塘小炒、西湖牛肉羹、油焖茭白……
应季的新鲜果蔬，成就可口的浙菜佳肴。

蛋黄炒南瓜

大头菜小炒

莲藕的营养价值很高，含有蛋白质、维生素C和钙、铁等微量元素，与木耳、荷兰豆、胡萝卜搭配食用，可起到清热补气、增强免疫力的作用，常吃此菜可以清理体内废物，让身体充满活力。

🍳 初级　🕐 25分钟　🍽 2人

荷塘小炒

做菜来扫我！

- 材料：干黑木耳2朵、莲藕1节、胡萝卜半根、荷兰豆10个
- 调料：盐1小勺、清水1大勺

制作方法

1 干黑木耳用温水泡发、洗净，撕成小朵。

2 莲藕去皮、洗净，切片；胡萝卜去皮，切片；荷兰豆去筋。

3 藕片放入沸水中，加半小勺盐焯烫后捞出，然后放入荷兰豆、胡萝卜、木耳焯熟，捞出过凉。

4 炒锅烧热，放入胡萝卜片煸炒，再加入其余食材同炒，翻炒至木耳变软。

5 然后加入1大勺清水，继续翻炒。

6 最后，加入剩余盐调味，炒匀后盛出即可。

Q&A

荷塘小炒怎么做才清脆爽口？

将荷兰豆加盐煮沸后，马上过凉，可以保持颜色翠绿；胡萝卜需要用油炒透，以便胡萝卜素得到充分释放，不仅美味且增加营养。另外，此菜口味清淡，不宜添加如酱油、蚝油等口味较重的调味品。

冬瓜味甘、性寒，有消热、利水、消肿的功效。而且冬瓜含钠量较低，对动脉硬化症、肝硬化腹水、冠心病、高血压、肾炎、水肿膨胀等疾病有良好的辅助治疗作用。

中级　　35分钟　　2人

做菜来扫我！

红烧冬瓜

- 材料：蒜3瓣、香葱1根、冬瓜1块
- 调料：油1大勺、生抽1大勺、老抽1小勺、料酒1大勺、盐1小勺

 制作方法

1 蒜去皮、洗净，切末；香葱洗净，切葱花。

2 冬瓜去皮、洗净，切大块，备用。

3 锅中倒入1大勺油，烧热后爆香蒜末和花椒面。

4 然后放入冬瓜块，调入生抽、老抽，翻炒均匀。

5 倒入半碗清水，再加料酒、盐，大火烧开。

6 接着转小火，盖上锅盖，烧至冬瓜软烂，撒上葱花，即可。

Q&A
红烧冬瓜怎么做才软烂入味？

冬瓜中要调入老抽上色，这样做出的红烧冬瓜才色泽美观；用小火烧冬瓜时，不要过度翻动，以保证冬瓜更好地入味。另外，如果喜欢软烂的冬瓜，可以适当添加清水和调整烧制时间。

鸡蛋清性微寒，有清热解毒、润肺利咽的功效。鸡蛋清中还含有丰富的蛋白质、少量醋酸，以及人体所需的多种氨基酸，可以使皮肤润滑，保持皮肤的微酸性，让皮肤健康而有光泽。

中级 ⏱ 30分钟 🥄 4人

西湖牛肉羹

- 材料：香葱1根、香菜2根、牛肉1块、鸡蛋2个
- 调料：油3大勺、料酒2大勺、高汤1碗、盐1小勺、白胡椒粉1小勺、香油1小勺、水淀粉3大勺

Q&A

西湖牛肉羹怎样做可去沫?

首先，牛肉要用凉水洗净，再放入沸水中焯烫，这样可以去除血沫；煮汤时，在加入鸡蛋清后，要用中火加热汤羹，否则火力太大会产生许多泡沫。另外，煮汤过程中要用铲子不断搅拌，若产生浮沫需及时舀出。

 制作方法

1 香葱、香菜分别去根、洗净，切成碎末，备用。

2 牛肉洗净，切成小块，再用刀剁成粒。

3 将牛肉粒放入煮开的水中焯烫，捞出后过凉、滗干。

4 鸡蛋磕破，滤出鸡蛋清，放入碗中搅散，备用。

5 炒锅中加入油，烧热后放入牛肉粒炒熟。

6 倒入料酒、高汤、盐、白胡椒粉和香油，中火烧至微微沸腾。

7 用铲子慢慢搅拌，同时缓缓倒入水淀粉，以使汤水变得黏稠。

8 汤水再次沸腾后关火，慢慢倒入鸡蛋清，并快速搅拌，使其形成蛋花。

9 最后，中火煮至沸腾后转小火，撒入香葱和香菜，再焖煮5分钟即可。

年糕中含有蛋白质、碳水化合物、烟酸、钙、镁等多种营养元素，可补充人体营养；芥菜含有大量的抗坏血酸，是活性很强的还原物质，能增加大脑中的氧含量，提神醒脑、解除疲劳。

🍲 初级　🕐 30分钟　🍜 2人

芥菜炒丰糕

做菜来扫我！

- 材料：冬笋1块、芥菜1把、年糕1碗
- 调料：油1.5大勺、盐1小勺、香油1小勺

制作方法

1 冬笋洗净，入沸水焯烫后捞出，滗干水分，晾凉后切片，备用。

2 芥菜洗净，入沸水焯烫后过凉，挤干水分，切碎，备用。

3 年糕洗净，切片，入沸水焯烫，再用冷水冲透。

用油滑锅可避免炒年糕时粘锅

4 锅中倒半大勺油，烧热后晃动锅子，用油滑锅，倒出油，再次烧热后倒入1大勺冷油。

5 油烧热后倒入冬笋，煸炒片刻后放入年糕，继续翻炒，加清水煮半分钟。

6 放入芥菜，调入盐，翻炒均匀后，淋入香油，即可出锅。

Q & A
芥菜炒年糕怎么做可避免粘锅？

首先要将年糕放入沸水中焯烫，这样可以缩短年糕在锅中的炒制时间；另外，在炒年糕前，用油滑锅，也可避免年糕粘锅。

中级　🕐 50分钟　🍽 2人

东坡茄子

做菜来扫我！

- 材料：葱1段、姜1块、蒜3瓣、鸡胸肉1块、茄子1个
- 调料：油2大勺、盐1小勺、老抽1小勺、白糖1小勺、料酒1大勺、高汤1/3碗、水淀粉1大勺

Q&A 东坡茄子怎么做更软嫩鲜香？

茄子需在表面切花刀，这样可更好地入味；茄子放入油锅煎时，需煎至表面呈枣红色，这样做出的东坡茄子才更软嫩；另外，鸡胸肉可依据个人喜好用猪肉代替。

制作方法

划"十"字刀可更好地入味

1 葱洗净，姜、蒜去皮，洗净，均切末；鸡胸肉洗净，剁成馅。

2 茄子洗净，切成厚薄均匀的段，在切面上划"十"字刀。

3 锅中倒入1大勺油，烧热后放入茄子，煎制片刻，捞出滗油。

4 净锅，倒1大勺油，烧热后放入葱姜蒜，爆香。

5 放入肉馅，翻炒均匀后，加盐、老抽、白糖和料酒调味，再加高汤烧制片刻。

6 将烧好的肉馅盛入盘中，摆成"十"字形状，将煎好的茄子放在肉馅上。

7 盖上保鲜膜，入蒸锅蒸15分钟，取出后滗出汤汁，备用。

8 另取盘，放入蒸好的茄子，将肉馅撒在茄子上面。

9 将滗出的汤汁倒入锅中，加水淀粉勾芡，淋在茄子和肉馅上，即可食用。

豆腐皮中含有大量卵磷脂，可防止血管硬化，预防心血管疾病，保护心脏；雪里蕻腌制后有一种特殊的鲜味和香味，能促进胃、肠消化，增进食欲。

初级　⊕ 25分钟　🥢 2人

雪菜豆皮

做菜来扫我！

- 材料：葱1段、姜1块、红椒1个、腌雪里蕻1棵、豆皮3张
- 调料：盐1小勺、油1.5大勺、白糖1大勺

制作方法

1 葱洗净，切葱花；姜去皮、洗净，切末；红椒洗净，切菱形片。

2 腌雪里蕻洗净，放入清水中泡20分钟，捞出，切碎；豆皮洗净，切菱形片。

3 锅中倒入清水，放入豆皮，加半小勺盐、半大勺油，煮3分钟，捞出。

4 炒锅中倒入1大勺油，爆香葱姜，再放入腌雪里蕻煸炒。

5 接着倒入红椒，翻炒片刻，加白糖，继续翻炒至出香味。

6 倒入豆皮，加剩余盐调味，翻炒均匀，然后淋入香油，即可出锅。

Q&A

雪菜豆皮怎么做更鲜香？

腌雪里蕻本身较咸，烹制前可放入清水中浸泡一会儿，以去除咸味，这样口感会更佳；而将豆皮放入清水锅中，调入油和盐，煮上3分钟，不仅可以去除豆腥味，还可入味。

藕富含维生素C和膳食纤维，能起到养阴清热、润燥止渴、清心安神的作用。藕的含铁量也较高，常吃莲藕可以预防缺铁性贫血，起到补血活血的作用，对于瘀血等症状的人有较好的保健作用。

🍲 中级　⏱ 2小时　🥢 2人

桂花糖藕

做菜来扫我！

- 材料：糯米半碗、藕2节、红枣8个
- 调料：红糖3大勺、糖桂花3大勺

Q & A

桂花糖藕怎么做才软糯入味？

先将藕反复用流水冲洗，不断地灌水再倒出，保证藕中不存泥沙；蒸好的糖藕最好在煮藕水中浸泡一夜，因为刚出锅的糖藕不方便切片，而浸泡一夜也可使莲藕更充分地吸收甜味。

制作方法

1 糯米淘洗干净后，在清水中浸泡2小时。

2 藕清洗干净，削去外皮，将藕的一头切下。

3 用清水反复清洗藕孔，去除藕孔内的淤泥。

4 将浸泡好的糯米塞入藕孔，塞到七分满，并用筷子从藕节末端捅入，将糯米塞紧。

5 将切下的藕节合住封口，用牙签扎紧固定。

6 把灌好米的藕放入煮锅中，倒入清水，没过藕段。

7 放入3大勺红糖，大火煮沸后，转成小火，炖煮1小时。

8 再放入红枣，小火继续煮40分钟。

9 煮好后取出晾凉，将藕段切成0.5cm厚的片，淋入3大勺糖桂花，即可。

四季
鲜蔬

南瓜含有淀粉、蛋白质、维生素B、维生素C和钙、磷等成分，能润肺益气、化痰排脓、治咳止喘。同时，南瓜对于预防前列腺癌、防治动脉硬化与胃粘膜溃疡、治糖尿病等也有重要作用。

🍳 中级　⏱ 35分钟　🍽 2人

做菜来扫我！

蛋黄炒南瓜

- 材料：香葱2根、枸杞1小勺、小南瓜1个、咸鸭蛋2个
- 调料：盐1小勺、淀粉1大勺、油1碗、白糖0.5小勺

Q & A

蛋黄炒南瓜怎样做才口感鲜美？

首先，腌好的南瓜条控干水分、沾裹淀粉，可以使其在炸过后保持一定的硬度，不回软；其次，炒咸蛋黄时要用小火慢炒，这样在避免蛋黄发黑的同时也可以将蛋黄炒出香味；最后，加盐和白糖调味，可以提鲜提香。

制作方法

1 香葱洗净，切成葱花；枸杞洗净、泡发，备用。

2 南瓜洗净、去皮，去除瓜瓤，切成1cm宽、4cm长的条，备用。

3 在南瓜条中加入半小勺盐，腌制20分钟，使南瓜出水。

4 咸鸭蛋洗净、去壳，取蛋黄，用勺子碾压成泥，备用。

务必使所有南瓜条都沾裹上淀粉

5 将腌好的南瓜条控干水分，然后放入淀粉拌匀。

6 炒锅倒油，烧至五成热时，放入南瓜条，转小火慢炸至颜色呈浅黄且微硬，捞出。

7 锅中留少许底油，放入碾压成泥的咸蛋黄，用小火慢炒。

8 在咸蛋黄炒出泡沫时，放入炸好的南瓜条，加半小勺盐和白糖调味。

9 稍微翻炒，使蛋黄均匀地附着在南瓜条上，放入葱花，撒上枸杞，即可出锅。

鸡蛋中富含DHA和卵磷脂、卵黄素，对神经系统和身体发育有利，能健脑益智、改善记忆力，并促进肝细胞再生；而且鸡蛋味甘，性平，具有养心安神、补血、滋阴润燥之功效。

🍲 初级　🕐 25分钟　🍽 3人

熘黄蛋

做菜来扫我!

- 材料：葱1段、火腿1根、鸡脯肉1块、鸡蛋4个
- 调料：盐1小勺、水淀粉1大勺、鸡汤半碗、油2大勺、熟猪油0.5大勺

制作方法

1 葱洗净，切末；火腿切末，备用。

2 鸡脯肉洗净，放入沸水中焯熟，捞出沥干，切成丝。

3 鸡蛋打入碗中，加盐、水淀粉、鸡丝，搅拌均匀。

4 接着倒入鸡汤，用筷子顺同一方向搅拌均匀。

5 锅中倒入2大勺油，烧至七成热，倒入蛋液，翻炒均匀。

6 最后，放入火腿末，撒上葱末，淋上熟猪油，即可盛出。

Q&A
熘黄蛋怎么做更蛋糯味鲜？

鸡蛋液中加入鸡汤，可使做出的熘黄蛋更加鲜美；炒制鸡蛋时，需放入足量的油，这样炒出来的鸡蛋既香嫩，色泽也更鲜亮。另外，鸡蛋不宜炒过长时间，否则影响其鲜嫩的口感。

大头菜由芥菜腌制而成，不仅味道鲜美，还可以增进
食欲，促进胃肠消化；毛豆中含有食物纤维，可以促
进胃肠蠕动、改善便秘、降低血压和胆固醇。

初级　　30分钟　　3人

大头菜小炒

做菜来扫我！

- 材料：毛豆1碗、大头菜1块、红椒1/3个、黄椒1/3个、绿椒1/3个，香豆腐干4块
- 调料：油1大勺、盐1小勺、香油1小勺

制作方法

1 毛豆去壳、洗净，入蒸锅蒸20分钟，晾凉，备用。

2 大头菜洗净，切成细丁；红椒、黄椒、绿椒均洗净，切丁；香豆腐干切丁。

3 锅中倒入1大勺油，烧热后放入大头菜，煸炒出香味。

4 接着放入香豆腐干、蒸熟的毛豆，加盐调味。

5 倒入3大勺清水，继续翻炒至食材入味。

6 最后，放入红椒、黄椒和绿椒，翻炒片刻，淋入香油，即可出锅。

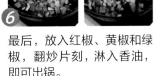

Q&A

大头菜小炒怎么做才脆嫩爽口？

首先，毛豆去壳后放入蒸锅中蒸熟，再进行炒制，才能口感清脆；其次，在炒制过程中需加入适量清水，这样可使食材相互入味，提升整道菜的口感。另外，彩椒易熟，最后放入即可。

茭白内含较多的碳水化合物、蛋白质、脂肪等，能补充人体的营养物质，具有健壮机体的作用。另外，茭白能利尿祛水，辅助治疗四肢浮肿、小便不利等症。

🍲 中级　⏱ 35分钟　🍚 2人

油焖茭白

做菜来扫我！

- 材料：红椒1个、香葱1根、茭白1根、芝麻1大勺
- 调料：油2大勺、酱油1大勺、白糖1小勺、盐1小勺、香油1小勺

制作方法

1 红椒洗净，切菱形块；香葱洗净，切葱花，备用。

2 茭白去壳、洗净，切滚刀块。

3 锅中倒油，烧热后放入茭白，小火煎至颜色变淡黄。

4 加酱油、白糖、盐调味，再倒入半碗清水，大火烧开。

5 然后盖上锅盖，转小火，焖至茭白入味。

6 最后，放入红椒、葱花、芝麻，淋入香油，翻炒几下，即可出锅。

Q&A

油焖茭白怎么做才肥美入味？

首先，最好选购表皮光滑亮丽、笋支肥厚的茭白，这样吃起来口感更佳；其次，将茭白用小火慢煎一下，更容易吸收调料的味道，让原本清淡的茭白变得更加有滋有味。

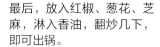

青菜为低脂肪蔬菜，且含有膳食纤维，能与胆酸盐和食物中的胆固醇及甘油三酯结合，并从粪便中排出，从而减少脂类的吸收，可用来降血脂；而毛豆具有养颜润肤、改善食欲不振与全身倦怠的功效。

初级　30分钟　2人

腌菜花毛豆米

做菜来扫我！

- 材料：蒜3瓣、泡椒2个、青菜1把、毛豆1碗
- 调料：盐4小勺、油1大勺

 制作方法

腌制时间不得超过2小时，以免水分流失

❶ 蒜去皮、洗净，切片；泡椒切小段，备用。

❷ 青菜洗净，滗干水分，切段，加3小勺盐，抓匀。

❸ 将青菜腌制约2小时，挤掉多余水分。

❹ 毛豆去壳、洗净，放入加了盐的沸水中焯烫，捞出滗干，备用。

❺ 锅中倒入1大勺油，放入蒜和泡椒，煸炒出香味。

❻ 最后，放入腌好的青菜和焯好的毛豆，大火快速翻炒1分钟，即可出锅。

Q&A
腌菜花毛豆米怎么做才鲜咸开胃？

青菜腌制前需控干水分，腌制1小时后，可尝一下咸度，如果达到正常咸度，可停止腌制，且腌制总时间不得超过2小时，否则水分会流失；另外，青菜腌好后要挤掉多余水分，以免影响口感。

香菇含有多种维生素、矿物质，能促进新陈代谢，提高人体适应力，其含有的维生素B群对于维持人体循环、消化等正常生理功能有重要的作用；而板栗有养胃健脾、补肾强筋、活血止血等功效。

🍲 中级　🕐 20分钟　🍚 2人

栗子冬菇

- 材料：冬菇6朵、青椒1个、红椒1个、栗子15个
- 调料：油1大勺、盐1小勺、白糖1小勺、生抽1大勺、料酒1大勺、水淀粉1大勺、香油1小勺

制作方法

1 冬菇洗净，切片；青红椒洗净，切菱形片，备用。

2 将栗子横切一刀，入沸水煮至壳裂，捞出，放凉，剥去外壳。

3 锅中倒油烧热，放入栗子、冬菇和青红椒，转中火煸炒1分钟，加盐和白糖调味。

4 倒入生抽、料酒以及清水，盖上锅盖，转小火焖3分钟。

5 栗子熟透后，掀开锅盖，用水淀粉勾薄芡，淋入锅中。

6 最后，淋入香油，即可盛盘食用。

Q & A

栗子冬菇怎么炒才滑嫩香弹？

在处理栗子时，将栗子横切一刀，用大火煮制，更容易去壳；用水淀粉勾薄芡，可以使栗子和冬菇软弹细腻，口感绝佳。另外，淋上少许香油，更为这道菜增添了独特风味。

海带中含有牛磺酸，对儿童大脑发育和成长能起到十分重要的作用；另外，海带中还含有大量的不饱合脂肪酸及食物纤维，可以促进胃肠蠕动，帮助消化。

🍲 中级　🕐 40分钟　🍚 2人

肉末炖海带

做菜来扫我！

- 材料：葱1段、海带丝1把、粉丝1把、肉末1碗
- 调料：油1大勺、生抽1大勺、盐1小勺

制作方法

1 葱洗净，切葱花；海带丝洗净，切成6cm长的丝；胡萝卜去皮、洗净，切丝。

2 粉丝放入温水中泡发，捞出滗干，备用。

3 锅中倒入1大勺油，烧热后，放入葱花爆香。

4 接着放入肉末，加生抽，翻炒均匀。

5 加入清水，放入海带丝，转小火，慢炖约20分钟。

6 将泡好的粉丝和胡萝卜丝放入炒锅中，加盐调味，炖至收汤，即可盛出。

Q&A

肉末炖海带怎么做更软糯入味？

粉丝可直接放入锅中，若用温水泡发，吃起来会更滑嫩，且粉丝需在海带和肉末快炖好时放，放得太早容易炖烂，影响口感；如用干海带，需浸泡一段时间，且需要不断冲洗，以减少咸味。

贺师傅天天美食系列

好评热卖中

百变面点主食
作者◎赵立广 定价/25.00

松软的馒头和包子、油酥的面饼、爽滑的面条……各式玲珑面点，看一眼就让你馋涎欲滴，口水直流！

幸福营养早餐
作者◎赵立广 定价/25.00

油条豆浆、虾饺菜粥、吐司咖啡……不管你是上班族、学子，还是悠闲养生的老人，总有一款能满足你大清早饥饿的胃肠！

魔法百变米饭
作者◎赵之维 定价/25.00

炒饭、烩饭、寿司、焗烤饭、饭团、米汉堡，来来来，让我们与魔法百变米饭来一场美丽的邂逅吧！

爽口凉拌菜
作者◎赵立广 定价/25.00

老醋花生、皮蛋豆腐、蒜泥白肉、东北大拉皮……本书集合了全国各地不同风味的爽口凉拌菜，步骤简单，一学就会！

活力蔬果汁
作者◎加 贝 定价/25.00

本书以最有效的蔬果汁饮法为出发点，让你用自己家的榨汁机就能做出各种营养蔬果汁，养颜减脂、强身健体……还等什么？

清新健康素食
作者◎加 贝 定价/25.00

素食者不是不吃肉就可以了，而要有一套合理的素食方法！翻开这本书，答案全在这里，来做一个健康的素食主义者！